Angelika Kipp

Durchs bunte Weihnachtsland

Fenster- und Wandbilder aus Tonkarton

frechverlag

Von der bekannten Autorin Angelika Kipp sind im frechverlag zahlreiche weitere Titel erschienen. Hier eine Auswahl:

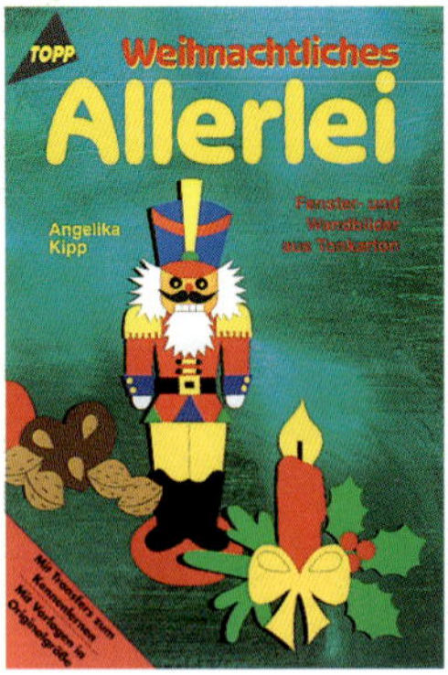

TOPP 2105

TOPP 2237

TOPP 2377

TOPP 2378

TOPP 2235

TOPP 1970

Zeichnungen: Berthold Kipp

Fotos: frechverlag GmbH + Co. Druck KG, 70499 Stuttgart;
Fotostudio Ullrich & Co., Renningen

Dieses Buch enthält:
2 Vorlagenbogen

Auflage:	5.	4.	3.	2.	1.	Letzte Zahlen
Jahr:	2002	2001	2000	1999	98	maßgebend

frechverlag GmbH + Co. Druck KG, 70499 Stuttgart

ISBN 3-7724-2379-5 · Best.-Nr. 2379

Druck: frechverlag GmbH + Co. Druck KG, 70499 Stuttgart

Kaum steht die Winter- und Weihnachtszeit vor der Tür, steigt der Nikolaus in seinen Zug voller Überraschungen und fährt mitten durch das bunte Land.
Teilweise liegt schon viel Schnee; in manchen Gegenden fängt es eben erst an zu schneien. Schneemänner laufen Schlittschuh, und Vögel halten auf einem zugeschneiten Ast ein kleines Pläuschchen. Das Rentier fühlt sich im Winterwald wohl; ein Schneemann ist sogar bei der eisigen Kälte eingeschlafen.
Auf seiner Zugfahrt durch das Weihnachtsland sieht der Nikolaus auch zahlreiche, mit schönen Adventsgirlanden und -gestecken bunt geschmückte Häuser. Viele Kerzen werden bereits entzündet und sorgen für stimmungsvolle Lichteffekte. Sogar die kleinen Pinguine haben sich zu Heilig Abend schick gemacht und freuen sich auf die Geschenke, die die Engel vom Himmel bringen.
Bei solch einer großen Auswahl fällt es Ihnen sicher schwer sich zu entscheiden, welches Motiv Sie nacharbeiten wollen - Sie können natürlich auch jedes basteln!
Vielleicht sieht der Nikolaus während seiner Fahrt durch das bunte Weihnachtsland auch an Ihren Fenstern die schönsten Fensterbilder leuchten!

Eine schöne Weihnachts- und Winterzeit
und viel Spaß beim Basteln
wünscht Angelika Kipp

Arbeitsmaterial

- Tonkarton in verschiedenen Farben
- Transparentpapier
- Dünne Pappe
- Ausgestanzte Buchstaben aus Fotokarton (Ursus/Bähr)
- Schwarzer Filzstift
- Bleistift
- Anspitzer
- Lineal
- Weicher Radiergummi
- Evtl. Kreisschablone
- Schere
- Bastelmesser (Cutter) mit geeigneter Schneideunterlage
- Evtl. Kreisschneider
- Locher
- Klebstoff, z. B. UHU Alleskleber
- Klebeband
- Nähnadel
- Faden zum Aufhängen

Tips und Tricks

Gestaltung des Motivs von der Vorder- und Rückseite

Ein frei hängendes Fensterbild sollte sowohl von der Vorder- als auch von der Rückseite gearbeitet werden. Hierzu benötigen Sie die meisten Teile in doppelter Ausführung. Die Teile werden nur spiegelverkehrt, aber in der gleichen Reihenfolge wie auf der Vorderseite angeordnet.

Deckungsgleiches Aufmalen und Kleben

Die Rückseite sollte absolut deckungsgleich zur Vorderseite bemalt und geklebt werden, da heller Tonkarton durchscheint. Stellen Sie dazu die Vorderseite des Motivs komplett zusammen, und drücken Sie dann die Bastelarbeit bei Tageslicht mit der bereits fertigen Seite gegen eine Fensterscheibe. So scheinen alle Kanten und Linien durch - diese Teile werden auf der Rückseite deckungsgleich bemalt bzw. aufgeklebt.

Aufhängung

Es gibt verschiedene Möglichkeiten, ein Fensterbild aufzuhängen. Sie können zwischen dem altbewährten Faden oder einem Klebeband wählen. Wenn Sie mit einem Faden arbeiten wollen, balancieren Sie das Motiv zwischen Daumen und Zeigefinger aus, bis Sie die richtige Stelle gefunden haben. Mit einer Nadel stechen Sie dann einige Millimeter vom Rand entfernt in den Tonkarton und ziehen den Faden durch. Je größer das Motiv ist, um so eher sollten Sie mit zwei Fäden arbeiten.

Motivhöhe

Damit Sie sich vorstellen können, wie groß das fertige Fensterbild ist, ist bei jeder Anleitung die Höhe des Motivs angegeben.

Schritt für Schritt erklärt

1. Legen Sie das Transparentpapier auf das ausgewählte Motiv auf dem Vorlagenbogen, und übertragen Sie mit einem Bleistift alle benötigten Einzelteile ohne Überschneidungen.

2. Das Transparentpapier mit den Zeichnungen wird auf eine dünne Pappe geklebt, und alle Einzelteile werden ausgeschnitten. Fertig sind die Schablonen! Dann arbeiten Sie alle benötigten Motivteile, indem Sie die Schablonen einfach auf Tonkarton der gewünschten Farbe legen, mit einem Bleistift umfahren und dann die einzelnen Teile sorgfältig ausschneiden.

3. Zeichnen Sie die Gesichter, alle schwarz markierten Stellen und die Innenlinien auf, und fügen Sie die Einzelteile zu dem gewünschten Motiv zusammen - das Foto und die Vorlage geben jeweils Positionierungshilfen.

Hurra, es schneit!

Motivhöhen:
Weihnachtsmann links ca. 37 cm
Weihnachtsmann rechts ca. 44 cm

Wenn dicke weiße Flocken vom Himmel fallen, dann freuen sich die beiden Weihnachtsmänner so richtig auf den Winter und die Weihnachtszeit.

Die netten Männer in Rot-Weiß bekommen zunächst ihr Gesicht, die Knöpfe und alle gepunkteten Linien (s. Vorlagenbogen) aufgezeichnet. Das Gesicht wird hinter das Bart/Mützenfellteil geklebt. Das Kopfteil, der Pompon, das Mantelfell und beim rechten Weihnachtsmann auch die Ärmelfelle werden auf den Körper geklebt. Plazieren Sie die beiden Herren jeweils auf einer

Schneefläche, von wo aus sie sich über die Schneeflocken freuen können.

Adventsgestecke

Dieser Bogen aus Tannengrün läßt sich vielfältig gestalten. Hier sehen Sie zwei Möglichkeiten.

Gesteck mit Kerzen

Motivhöhe ca. 36 cm

Zeichnen Sie die Dochte der Flammen auf. Fixieren Sie die Flammen samt Kerzenschein hinter den roten Kerzen. Die vier Kerzen werden auf das Grün gesetzt, wobei alle Kerzenscheine aus Stabilitätsgründen ebenfalls an das Grün geklebt werden. Mit einigen Sternen verschönern Sie das Gesteck.

Gesteck mit Glocke

Motivhöhe ca. 43 cm

Zeichnen Sie die gepunkteten Linien (s. Vorlagenbogen) auf die Schleife. Die Glocke wird an die zweiteilige Schleife gehängt und an dem Tannengrün-Bogen befestigt. Kleine Sterne verzieren das schöne Gebinde.
Frohe Weihnachten!

Schick für Heilig Abend

Motivhöhen:
Stehender Pinguin ca. 39 cm
Sitzender Pinguin ca. 32 cm

Diese niedlichen Gesellen schließt jeder sofort in sein Herz. Extra für Heilig Abend haben sich die beiden bunte Fliegen umgebunden.

Zeichnen Sie die Augen und alle gepunkteten Linien (s. Vorlagenbogen) auf. Das weiße Bauchteil wird zusammen mit der aufgesetzten Schleife und dem Schnabel jeweils von vorne angebracht. Zuletzt ergänzen Sie die Füße und die Mütze ebenfalls von vorn.

Diese Pinguine sind einfach zum Liebhaben!

Durchs bunte Weihnachtsland

Motivhöhe ca. 21 cm ....

Mit seinem kleinen Zug fährt der Nikolaus die Geschenke durch das bunte Weihnachtsland.

Schneiden Sie zunächst die rote Grundform der Lok samt der roten Nikolausform aus. Dann werden die bunten Lokteile und die zweiteiligen Räder montiert. Zeichnen Sie das Nikolausgesicht auf, und kleben Sie es auf das Bart/Mützenfellteil. Bevor Sie dieses zusammengefügte Teil auf die Körperform kleben, ergänzen Sie den Arm samt Fell und Hand. Die Lok ist mit Sternen geschmückt.

Die Anhänger benötigen ebenfalls ihre Räder. Die Lebkuchen erhalten ihre Mandelverzierungen, und das Paket wird mit einer Schleife verschlossen. Diese Teile sowie die großen Sterne und die Tanne werden in die Waggons verladen.
Nun kann die hübsche Lok ihre mit Sternen geschmückten Anhänger durch die schneebedeckte Landschaft ziehen.
Vielleicht fährt sie direkt zu Ihnen?

Es schneit im Rentierwald

Motivhöhe ca. 63 cm

Dieses Rentier genießt den Winter in vollen Zügen, denn es liebt niedrige Temperaturen.
Zeichnen Sie das Auge, das Nasenloch und alle gepunkteten Linien (s. Vorlagenbogen) auf. Das Rentier erhält sein rotes, sternenbesetztes Geschirr und das zweiteilige Geweih. Es steht neben einer großen Tanne auf einer Schneefläche, die durch die vielen vom Himmel fallenden Schneekristalle sicher immer größer werden wird. Die Vorlage für die Schneekristalle finden Sie auf dem Vorlagenbogen beim Motiv „Hurra, es schneit!“ von Seite 6/7.
Hoffentlich behält die Landschaft für einige Zeit ihr weißes Gesicht.

Hallo, wie geht's?

Motivhöhe ca. 20 cm

Ein kleiner Plausch läßt einen die Kälte schnell vergessen.
Zeichnen Sie den beiden redseligen Vögelchen die Augen und alle gepunkteten Linien (s. Vorlagenbogen) auf. Der Lichtfleck auf dem Auge ist ein weißer, mit einem Locher ausgestanzter Punkt, der aufgeklebt wird. Die zweiteiligen Mützen und die Schals werden von vorn, die Schnäbel von hinten ergänzt. Setzen Sie die beiden auf einen schneebedeckten Ast, an dem sich schon einige Eiszapfen gebildet haben.
Vielleicht sind die beiden Vögel auf der Suche nach einer neuen Futterstelle?

Das ist für dich!

Motivhöhe ca. 38 cm

Der nette Teddy-Weihnachtsmann hat auch ein Geschenk für Sie dabei. Zeichnen Sie das Bärengesicht und alle gepunkteten Linien (s. Vorlagenbogen) auf. Das Gesicht wird auf das rote Körperteil geklebt, und die Mütze erhält ihr Fellteil und den Pompon. Ergänzen Sie die Stiefel, das Mantelfell und den wärmenden Schal.

Der Teddy hält das zweiteilige Geschenkpaket zwischen seinen Pfoten. Nun brauchen nur noch die Hände, die Ärmelfelle und der Stern aufgesetzt werden, und schon erhalten Sie eine schöne Überraschung!

Frohe Weihnachten

Motivhöhe der Tannengirlande (ohne Dekoration) ca. 27 cm

Mit diesem lieben Wunsch werden Ihre Gäste schon an der Tür begrüßt.

Schmücken Sie die Tannengirlande mit den Sternen, Schleifen und Buchstaben. Sie können die Buchstaben selber ausschneiden (s. Vorlagenbogen) oder sich bereits ausgestanzte Buchstaben im Fachhandel besorgen. Die drei großen Sterne werden mit einem Faden an der Girlande befestigt.

Frohe Weihnachten!

Süße Überraschungen

Motivhöhe jeweils ca. 25 cm ....

Über Zuckerstangen freut sich nicht nur jedes Kind. Zeichnen Sie die gepunkteten Linien auf die Schleife (s. Vorlagenbogen). Die süße Stange erhält ihr farbiges Muster und die Schleife den aufgesetzten Stern.
Zuletzt befestigen Sie die Schleife auf der Stange.
Zuckerstangen gibt es übrigens in vielen bunten Farben!

Pst, nicht aufwecken!

Motivhöhe Schneemann ca. 36 cm.......

Unter dem sternenklaren Himmel sind der Schneemann und sein kleiner Freund schnell eingeschlafen.
Damit die beiden nicht geweckt werden, zeichnen Sie ganz vorsichtig die Gesichter und alle gepunkteten Linien (s. Vorlagenbogen) auf. Der Mann in Weiß erhält seinen zweiteiligen Zylinder, den wärmenden Schal und die drei Knöpfe auf dem Bauch. Das Köpfchen der Maus sowie der Schwanz werden hinter dem rechten Handschuh plaziert. Die Pfötchen, mit denen es sich festhält, werden von vorn ergänzt. Der linke Handschuh hält den zweiteiligen Besen.
Die Rückseite dieses Fensterbildes sollte absolut deckungsgleich zur Vorderseite bemalt und beklebt werden, da helles Papier durchscheint (s. Tips und Tricks, S. 4). In dieser sternenklaren Nacht leuchten der Mond und die Sterne am Himmel.

Kommt ein Engel geflogen...

Motivhöhe ca. 25 cm

Ob das Paket für Sie ist, das weiß nur der kleine Engel. Zeichnen Sie das Gesicht des Engels und alle gepunkteten Linien (s. Vorlagenbogen) auf. Das Hand- und Fußpaar sowie die Flügel werden von hinten an das sternenbesetzte Kleidchen geklebt. Das Gesicht wird auf dem Haarteil plaziert und dann am Körper angebracht. Versehen Sie das Paket mit dem Schleifenband und den Sternen, und schon kann der vergnügte Engel darauf Platz nehmen.
Das ist wirklich eine Überraschung!

Ein besonders kerniger Kerl

Motivhöhe ca. 50 cm

Dieser Nußknacker ist ein besonders schönes Exemplar.

Bevor Sie den kernigen Mann ankleiden, zeichnen Sie seine Augen und alle gepunkteten Linien (s. Vorlagenbogen) auf. Zunächst erhält der stattliche Herr seine Nase, den schwarzen Schnurrbart und das Zahn/Bartteil. Die helle Haarpracht wird von hinten ergänzt. Zur Uniform gehört der zweiteilige hohe Helm, der mit einem Band, das von zwei Sternen gehalten wird, geschmückt ist.

Fügen Sie die Einzelteile der Jacke zusammen, und ergänzen Sie von hinten die weißen Handschuhe. Nun erhält der Nußknacker seine schwarzen Stiefel. Fixieren Sie die geschmückte Jacke auf der Hose, und plazieren Sie das Kopfteil darauf. Zum Schluß stellen Sie den prachtvollen Mann auf einen gelben Sockel.

Um diesen schönen Nußknacker werden Sie beneidet werden!

Eine bunte Weihnachtsdekoration

Motivhöhe der Tannengirlande (ohne Dekoration) ca. 27 cm

Bei der Gestaltung von Weihnachtsgirlanden sind der Phantasie keine Grenzen gesetzt. Hier ist das Grün mit Sternen, bunten Trommeln und einem Pferdchen dekoriert.

Pferdchen

Zeichnen Sie Auge, Nüster und alle gepunkteten Linien (s. Vorlagenbogen) auf. Das Gestell mit den zweiteiligen Rädern wird an das Bauchteil geklebt. Nun fehlt nur noch der zweiteilige Sattel, die Mähne und der Schweif, bevor Sie das Pferdchen mit Sternen schmücken.

Trommel

Die Trommelform erhält ihre farbigen aufgesetzen Muster. Positionieren Sie die zweiteiligen Trommelstäbe auf der Schlagfläche.

Schmücken Sie die Girlande mit Sternen, und kleben Sie die Trommel auf. Die anderen Teile werden wie auf dem Foto mit Fäden an die Girlande gehängt. Bei solch einer Girlande leuchten die Augen der ganzen Familie!

Sportliche Männer in Weiß

Motivhöhe ca. 24 cm ....

Damit die drei ihren Schlittschuhlauf beginnen können, zeichnen Sie die Augen und alle gepunkteten Linien auf. Die Schneemänner benötigen jeweils ihren rechten Arm und die typische Möhrennase. Gegen die Kälte schützt ein wehender Schal und der zweiteilige Zylinder. Bemalen und bekleben Sie die Rückseite absolut deckungsgleich zur Vorderseite, da helles Papier durchscheint (s. Tips und Tricks, S. 4).

Hallo, du!

Motivhöhe ca. 33 cm

Die beiden Schneemänner sind ein Herz und eine Seele.
Zeichnen Sie die Augen und alle gepunkteten Linien (s. Vorlagenbogen) auf. Die lustigen Gesellen erhalten ihre Nasen, die Mützen und die Schals.

Aus Stabilitätsgründen sind die Pompons an den Eiszapfen befestigt. Fixieren Sie die zweiteiligen Besen, und schon können sich die beiden fröhlich anlachen.

O

Über den Wolken

Motivhöhe ca. 26 cm

Der moderne Weihnachtsmann von heute bedient sich zur Fortbewegung natürlich der neuesten Technik.
Montieren Sie das fünfteilige Flugzeug, und verzieren Sie es mit den Sternen. Der Weihnachtsmann erhält sein aufgemaltes Auge und alle gepunkteten Linien (s. Vorlagenbogen).
Fixieren Sie das Gesicht hinter dem roten Mützen/Mantelteil, und ergänzen Sie das weiße Mützenfell/Bartteil. Nun braucht der weltbekannte Herr noch seinen Schnurrbart und den Pompon, bevor er in sein Flugzeug steigt. Der Arm mit dem aufgesetzten Ärmelfell wird von vorn ergänzt.
Nun kann der Weihnachtsmann mit seinem Flugzeug durch das mit blinkenden Sternen besetzte Himmelszelt düsen. Vielleicht landet er ja in Ihrer Nähe!

So beginnt die Adventszeit

Motivhöhe ca. 36 cm

Wenn die erste Kerze entzündet ist, dann ist Weihnachten nicht mehr weit.
Zuerst wird der Docht der Kerze aufgezeichnet. Fügen Sie Kerze und Flamme zusammen, und plazieren Sie diese auf der Dreiecksform. Hell leuchtende Sterne schmücken den Rahmen.
Aus Stabilitätsgründen fixieren Sie rechts und links von der Kerze je eine Sternenspitze.
Nun dauert es nicht mehr lange bis Weihnachten!

Eine Winterlandschaft

Motivhöhe ca. 34 cm

Zu Heilig Abend erstrahlen die Tannenbäume vor der Kirche im Lichterglanz.
Zeichnen Sie die Türgriffe der Kirche und alle gepunkteten Linien (s. Vorlagenbogen) auf. Die Kirche erhält die beiden winterlichen Dächer, die Fenster und die Tür. Stellen Sie das Gebäude auf die Schneefläche. Ein hell leuchtender Stern steht darüber. Vor der Kirche stehen zwei sternengeschmückte Tannenbäume.
Ein hübscher Anblick!

Ein freundlicher Lebkuchenmann

Motivhöhe (gesamt) ca. 44 cm

Dieser Lebkuchenmann besteht aus Tonkarton, denn er ist nicht zum Essen gedacht, sondern dient als Dekoration.
Zeichnen Sie dem freundlichen Herrn die Augen und den Mund auf.
Die Beinstreifen, die Nase und die beiden Mandeln werden ergänzt.
Schmücken Sie den Zweig mit den kleinen Sternen. Die großen Sterne und der Lebkuchenmann werden mit Fäden am Tannenzweig befestigt.
Nun grinst er Ihnen freundlich entgegen.